BEI GRIN MACHT SICH IHR WISSEN BEZAHLT

- Wir veröffentlichen Ihre Hausarbeit,
  Bachelor- und Masterarbeit

- Ihr eigenes eBook und Buch -
  weltweit in allen wichtigen Shops

- Verdienen Sie an jedem Verkauf

Jetzt bei www.GRIN.com hochladen und kostenlos publizieren

Valentin Metzner

Sicherheit moderner Kryptosysteme

GRIN Verlag

Bibliografische Information der Deutschen Nationalbibliothek:

Die Deutsche Bibliothek verzeichnet diese Publikation in der Deutschen National-
bibliografie; detaillierte bibliografische Daten sind im Internet über http://dnb.d-
nb.de/ abrufbar.

Impressum:

Copyright © 2012 GRIN Verlag GmbH
Druck und Bindung: Books on Demand GmbH, Norderstedt Germany
ISBN: 978-3-656-43554-9

Dieses Buch bei GRIN:

http://www.grin.com/de/e-book/210890/sicherheit-moderner-kryptosysteme

GRIN - Your knowledge has value

Der GRIN Verlag publiziert seit 1998 wissenschaftliche Arbeiten von Studenten, Hochschullehrern und anderen Akademikern als eBook und gedrucktes Buch. Die Verlagswebsite www.grin.com ist die ideale Plattform zur Veröffentlichung von Hausarbeiten, Abschlussarbeiten, wissenschaftlichen Aufsätzen, Dissertationen und Fachbüchern.

Besuchen Sie uns im Internet:

http://www.grin.com/

http://www.facebook.com/grincom

http://www.twitter.com/grin_com

Luitpold-Gymnasium
Wasserburg

Abiturjahrgang
2011/2013

Seminararbeit

Leitfach: Mathematik

Rahmenthema des Wissenschaftspropädeutischen Seminars:
„Geheime Botschaften"

Thema der Arbeit:

Sicherheit moderner Kryptosysteme

Verfasser/in: Valentin Metzner

Abgabetermin: 6. November 2012

Gliederung

1) Neuartige Entschlüsselungsverfahren

Was ist das Interessante an der Sicherheit eines modernen Kryptosystems? Ist die Sicherheit nicht, wie jeher, der Status Quo im Rennen zwischen „Verschlüssler" und „Entschlüssler"? Das trifft natürlich weiterhin zu, aber mit dem feinen Unterschied, dass sich die Herangehensweise, einen Geheimtext zu dechiffrieren, durch moderne Computer-Algorithmen geändert hat. Auch in der Kryptografie hat die digitale Revolution alle Karten neu gemischt. Tausendfach, millionenfach höhere Rechenkapazitäten eröffnen heute für die Kryptographie ganz neue Möglichkeiten. Das zeigt sich bei Methoden der Verschlüsselung sowie Entschlüsselung.

Diese modernen Systeme scheinen mit den herkömmlichen Methoden der Kryptographie nichts mehr gemeinsam zu haben. In der heutigen Zeit legen wir weder Zettel um Stäbe noch verschieben wir Alphabete gegeneinander; wir tippen Passwörter in Computer und verschlüsseln, entschlüsseln. Dabei ist die Sicherheit der Methoden jetzt weniger transparent. Doch genau diese Transparenz wäre nötig, denn Kryptosysteme werden heutzutage von jedem verwendet, sei es als Passwortspeicher, Festplattenverschlüsselung oder unbewusst am Geldautomaten. Diese Arbeit hat deshalb das Ziel, dieses Sicherheitsbewusstsein erneut zu schärfen.

In diesem Zusammenhang werden deshalb die sicherheitsrelevanten Bestandteile eines Kryptosystems, der Algorithmus, die Schlüssellänge und das Passwort, auf ihre Angreifbarkeit untersucht und einfache „Handgriffe" genannt, um die Sicherheit des gesamten Systems zu gewährleisten. Dabei wird zwangsläufig die Frage aufkommen, durch was sich „Sicherheit" definiert. Zwei Axiome werden dieses Problem jedoch universell lösen. Zuletzt soll ein kleiner Ausblick auf zukünftige technische Entwicklungen ein Gefühl davon vermitteln, wie schnell ein heute sicheres System schon morgen als veraltet und unsicher gelten kann.

Diese Seminararbeit richtet sich also an Personen, die vielleicht nur geringfügig an den Methoden moderner Kryptographie und Kryptoanalyse interessiert sind und an solche, die sich über Schwachstellen eines Kryptosystems informieren wollen.

2) Sicherheit eines Kryptosystems

Wenn wir die Sicherheit eines Kryptosystems beurteilen wollen, dann können wir diese (vereinfacht) von zwei Variablen abhängig machen: „[...] [*1.*] Der Stärke des Algorithmus und [*2.*] der Länge des Schlüssels [...]".[1] Doch auch der User trägt durch seine Passwortwahl einen wesentlichen Teil zur Sicherheit dieses Kryptosystems bei, weshalb dies als dritte Variable zu nennen ist. Alle diese Variablen bedingen sich, d.h. wurde ein schwacher Algorithmus gewählt, so kann das Kryptosystem auch dann nicht als sicher beschrieben werden, wenn Passwort und Schlüssellänge „perfekt" sind. Das Gleiche gilt natürlich auch im umgekehrten Sinne.

So klar wie diese Aspekte voneinander abgegrenzt sind, sollten sie auch betrachtet werden, deshalb werden in den folgenden Unterkapiteln zuerst die Stärke des Algorithmus, die Schlüssellänge und dann die Sicherheit des Passworts behandelt.

a) Beziehung: Sicherheit – Algorithmus

Um die Sicherheit eines Algorithmus behandeln zu können, muss man die Funktion eines solchen vorher verstehen. Folgender Abschnitt befasst sich deshalb mit den Grundlagen eines Algorithmus.

I. Grundlagen eines Algorithmus

Der Algorithmus f ist in einem Kryptosystem für eine Sache allein zuständig: Er überführt Klartext p (engl. *plaintext*) in Geheimtext c (engl. *ciphertext*) und umgekehrt (symmetrischer Algorithmus)[2]; es handelt sich also um eine Transformation. Dieser „Apparat" geht dabei aber nicht immer gleich vor, sonst wäre ein entdeckter Algorithmus selbst der Schlüssel zum Dechiffrieren aller mit ihm zuvor chiffrierten Nachrichten. Er bildet hingegen Spezialisierungen für jeden vom Benutzer des Algorithmus gewählten Schlüssel k. Diese speziellen Transformationen f_k sind gleichermaßen umkehrbar.[3]

---

[1] (Schneier, 2006), S.177, 1.Abs.
[2] weiterhin handelt es sich bei den verbreitetsten Kryptosystemen um symmetrische (Bsp.: DES, AES)
[3] vgl. (Beutelspacher, 2002), S.45f

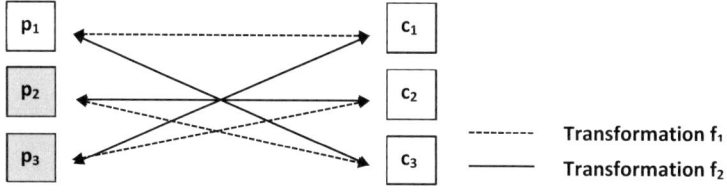

In Abbildung 1 ist ein solches Kryptosystem schematisch dargestellt: Auf der linken Seite befindet sich der Klartext, auf der rechten der Geheimtext. Die Pfeile in der Mitte stellen die möglichen Transformationen dar. Jeder Geheimtext, der direkt einer Transformation von p_1 entspringt, ist dessen verschlüsselte Form (hier c_1 und c_3). Wird nun c_1 mit dem gleichen Algorithmus und Schlüssel, sprich mit der gleichen Transformation (hier f_1), entschlüsselt, so erhält man daraus erneut den Klartext p_1. Verwendet man jedoch einen anderen Schlüssel, so erhält man auch einen anderen Klartext. In Abbildung 1 wäre das der Geheimtext c_1, der durch eine falsche Schlüsseleingabe (hier Transformation f_2) in den „Klartext" p_3 „dechiffriert" würde. Diese „Klartexte" p_2 und p_3 enthalten höchstwahrscheinlich keine lesbaren Informationen; es handelt sich hierbei lediglich um weitere Chiffretexte (deshalb grau hinterlegt).

Zuletzt sollten wir uns jedoch noch zwei Umstände klarmachen: Es ist möglich, wenn auch nicht erwünscht, dass zwei Transformationen den Klartext in denselben Geheimtext überführen. Dagegen ist es jedoch nicht möglich, dass ein Geheimtext mittels derselben Transformation von zwei unterschiedlichen Klartexten abstammt; hier könnte der Geheimtext nicht mehr eindeutig dechiffriert werden.[5] „Daraus ergibt sich zwingend, dass die Anzahl der Klartexte höchstens so groß sein kann wie die Anzahl der Geheimtexte":[6] $|p| \leq |c|$.

Erst das Verständnis dieser Grundlagen macht es möglich, genauer auf den Sicherheitsaspekt eines Algorithmus einzugehen. Das zeigt, dass das größte Problem bei dieser Bewertung das Verständnis selbst ist, denn Algorithmen sind mathematisch sehr

---

[4] Abbildung in Anlehnung an „Bild 3.1" (Beutelspacher, 2002), S.46
[5] vgl. (Beutelspacher, 2002), S.47
[6] (Beutelspacher, 2002), S.47, 5.Abs.

komplexe Handlungsvorschriften. Um dennoch eine leicht verständliche Möglichkeit zu bieten, einen Algorithmus nach seiner Sicherheit zu beurteilen, wird das sichere Chiffresystem eines One-Time-Pad[7] auf Bit-Basis betrachtet.

II. Ein Kryptosystem als abgewandeltes One-Time-Pad

Ein One-Time-Pad verwendet für jedes Bit des Klartextes ein Bit im Schlüssel, um das Chiffrebit zu bilden. Es gibt also genau so viele Schlüssel wie Geheimtexte und Chiffretexte; $|p|=|k|=|c|$.[8] Was ergibt sich daraus? Bei der Verwendung eines One-Time-Pads ist der Schlüssel genauso lang wie der Klartext selbst. Deshalb kann mit dem richtigen Schlüssel auch jeder Klartext in jeden beliebigen Chiffretext überführt werden und umgekehrt. Beim One-Time-Pad überführen also nie (!) zwei Transformationen den gleichen Klartext in denselben Chiffretext; das widerspräche dem Grundsystem des One-Time-Pads. Genau diese Eigenschaft macht das One-Time-Pad perfekt und sicher. Der praktische Nutzen dieser Methode steht für die meisten Anwendungen jedoch außer Frage. So erscheint es beispielsweise nicht sinnvoll, eine 5GB große Datei im Computer mit einem Schlüssel zu chiffrieren, der, auf einer Festplatte gespeichert, ebenso 5GB groß ist. Außerdem dürfte man diesen Schlüssel auch nicht abspeichern; aber das Merken von grob $43*10^9$ Bit ist impraktikabel. Was man daher braucht, ist ein verkürzter Schlüssel, ein einfaches Passwort, das auch nicht auf Bits basiert, sondern auf Zeichen, Zahlen und Buchstaben. Dazu geht man das Problem von zwei Seiten an:

Erstens nutzt man einen Algorithmus, der iteriert, d.h. einen Algorithmus, der den Klar- bzw. Chiffretext in einzelne Blöcke fester Bit-Länge unterteilt (üblicherweise 64-128 Bit) und diese Blöcke dann nacheinander schlüsselspezifisch umwandelt. Diese Algorithmen nennt man Blockchiffrierungen.[9] Die Vorgehensweise kann dabei je Block variieren; der Algorithmus „mutiert" in Abhängigkeit vom Schlüssel. Um das zu gewährleisten, ist der Schlüssel immer (!) länger als die Blockgröße.

Durch dieses Verfahren sind keine Schlüssel in der Länge des Klartextes mehr erforderlich. In der Regel genügen so schon Schlüssel der Länge 128-256 Bit. Es entstehen

---

[7] vgl. (Schneier, 2006), S.17ff
[8] vgl. (Beutelspacher, 2002), S.52
[9] vgl. (Schneier, 2006), S. 223, 1.Abs.

jedoch leicht Muster im Chiffretext, wenn die Blockchiffrierung nicht oder nur wenig mutiert. Deshalb ist immer darauf zu achten, wie erprobt ein Algorithmus ist, doch dazu am Ende dieses Unterkapitels mehr. Die Schlüssellänge kann durch diese Vorgehensweise also auf einen endlichen Wert reduziert werden, genauer: Bei einer Blockgröße von 128 Bit z.B. 256 Bit. Doch auch 256 Zeichen Binärcode lassen sich nicht merken.

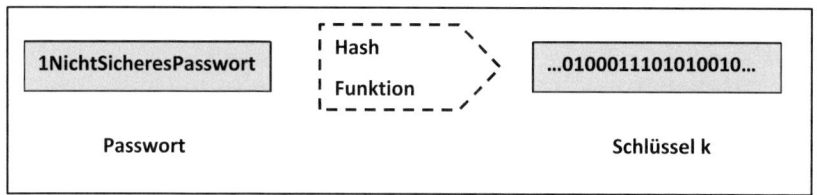

Abb. 2: Eine Hashfunktion

Deshalb geht man das Problem zusätzlich von einer zweiten Seite an. Die Rede ist hier von einem zusätzlichen Algorithmus, der dem Bit-Schlüssel sozusagen „vorgeschaltet" ist: Eine Hashfunktion. Abbildung 2 zeigt eine solche Hashfunktion. Diese Funktionen sind nur sehr schwer umkehrbar und erzeugen aus einem beliebig großen Input einen Output fester Länge. Perfekt also, um den 256 Bit Schlüssel aus einem Passwort zu generieren. Dieses kann der User dann frei aus allen Zeichen, Zahlen und Buchstaben wählen.

Es wird folglich eine strenge Unterscheidung zwischen Schlüssel und Passwort gemacht. Das Passwort ist vom User gewählt und kann aus allen (!) Zeichen, Zahlen und Buchstaben bestehen. Aus diesem wird dann über die Hashfunktion der Schlüssel bestimmter Länge gebildet. Der Schlüssel selbst steht also nur dem Verschlüsselungs-Algorithmus zur Verfügung und auch nur für den Vorgang des Verschlüsselns/Entschlüsselns; danach wird er vom Kryptosystem gelöscht und kann nur über das richtige Passwort wieder als Hashcode vorliegen. Doch auch das Passwort wird durch einen guten Hash-Algorithmus geschützt und kann selbst aus dem richtigen Schlüssel nicht zurückgerechnet werden. Dies gewährleistet die Asymmetrie einer Hashfunktion.[10]

Aus dem sicheren, aber schwerfälligen One-Time-Pad ist so durch kleine Veränderungen ein viel praktikableres Kryptosystem entstanden. Doch kann diese

---

[10] vgl. (Hellman, 2001), S. 33

Praktikabilität auch trügen, denn unter Blockchiffrierungen und Hash-Algorithmen leidet die Sicherheit: Hash-Algorithmen „blähen" die Schlüssellänge künstlich auf und Blockchiffrierungen können Muster im Chiffretext hinterlassen. Wie kann dennoch eine Aussage über die Sicherheit getroffen werden? Dazu seien im nächsten Abschnitt zwei Axiome grundlegend vorausgestellt.

III.   Axiome der Sicherheit

> „[1.]Wenn der zum Aufbrechen eines Algorithmus erforderliche Geldaufwand den Wert der verschlüsselten Daten übersteigt, [...] [oder] [2.] [w]enn die dafür notwendige Zeit größer ist als die Zeitspanne, die die verschlüsselten Daten geheim bleiben müssen, sind sie wahrscheinlich sicher."[11]

Von diesen Grundsätzen ausgehend, ist die Sicherheit des Algorithmus ein rein mathematisch-stochastisches Problem. Nun bedarf es lediglich der Analyse des Kryptosystems auf seine Angriffsstabilität; hält es einem Angriff mit bestimmten Mitteln eine gewisse Zeit stand, so gilt es nach diesen Axiomen als sicher. Da es jedoch für den normalen Verbraucher unmöglich ist, mehrere Algorithmen zu analysieren, zu vergleichen und dann den stärksten auszuwählen, existiert eine andere, sinnvolle Lösung: Man wählt einen Algorithmus, der veröffentlicht wurde, einen so genannten Open-Source-Algorithmus. Von Algorithmen dieser Art kann man annehmen, dass sie von vielen Kryptographen analysiert werden, da ihr Quellcode frei zur Verfügung steht. Wurden sie bei diesen Analysen noch nicht aufgebrochen und werden keine offensichtlichen Schwachstellen gefunden, so kann man mit Recht annehmen, dass das schwächste Glied des Kryptosystems das vom User gewählte Passwort oder die Schlüssellänge ist.[12] Denn in diesem Fall stellen Passwort und Schlüssel wirtschaftlichere Ziele eines Angriffs dar. Ein Restrisiko[13] lässt sich jedoch nie vermeiden! Zuerst wird behandelt, welchen Einfluss die Schlüssellänge auf die Sicherheit eines Kryptosystems hat. Nach (Schneier, 2006) ist dies die zweite Variable, von der die Sicherheit eines Kryptosystems abhängt.

---

[11] (Schneier, 2006), S. 8f
[12] vgl. (Schneier, 2006), S.252
[13] gemeint sind beispielsweise ungeahnte Möglichkeiten der Kryptoanalyse (technische Durchbrüche); siehe Kapitel 3)

b)   Beziehung: Sicherheit – Schlüssellänge

Warum ist die Schlüssellänge wichtig? Ein Angriff über den Schlüssel oder das Passwort ist im Gegensatz zum Angriff über den Algorithmus wesentlich einfacher zu verstehen und zu handhaben. Wie im vorherigen Kapitel geklärt, müssen Schwachstellen gefunden werden, um einen Algorithmus zu „knacken". Das gilt jedoch nicht für Schlüssel und Passwort, die keine Systeme im eigentlichen Sinn sind.

I. Angriffsmethode Brute-Force

Das Aufbrechen eines Kryptosystems über den Schlüssel ist durch primitives Ausprobieren jedes einzelnen Schlüssels möglich. Dabei geht man so lange vor, bis man den richtigen gefunden hat; die Methode nennt sich daher auch Brute-Force (eng. brutale Gewalt). Betrachtet man die Schlüssellänge unter diesem Gesichtspunkt, wird klar, warum ein langer Schlüssel mehr Sicherheit bietet: Er bietet mehr Möglichkeiten der Kombinatorik. Ein Schlüssel besteht nämlich, wie in Kapitel 2a) geklärt, aus einzelnen Bits, welche den Zustand 1 oder aber 0 annehmen können. Ein Schlüssel der Länge 2 bietet 2^2 Möglichkeiten, also vier. Jedes zusätzliche Schlüsselbit verdoppelt die Anzahl der Möglichkeiten: $2^3 = 8$; $2^4 = 16$; $2^5 = 32$; ... usw. Wird ein Kryptosystem nun durch ein Brute-Force-Verfahren angegriffen, so wird jeder mögliche Schlüssel generiert und dem Verschlüsselungsalgorithmus zur Entschlüsselung zugeführt. Erhält man dabei den zuvor verschlüsselten Klartext[14], so hat man den richtigen Schlüssel gefunden. Das geschieht im Schnitt in der Hälfte der Zeit, die nötig wäre, um alle Schlüssel zu testen, da eine 50%-ige Wahrscheinlichkeit besteht, den Schlüssel schon nach der Hälfte aller Möglichkeiten gefunden zu haben.

Der Geheimtext ist folglich niemals absolut sicher. Das funktioniert in der Kryptographie nicht, denn zumindest über den richtigen Schlüssel kann sich jeder Zugang zu verschlüsselten Informationen verschaffen. Was man jedoch erreichen kann, ist, dass sich das Ausprobieren aller Schlüssel zeitlich nicht lohnt, da die verschlüsselten Informationen

---

[14] dieser lässt sich z.B. durch eine Prüfsumme verifizieren

vorher für den Angreifer wertlos würden (zweites Axiom). Wann wird das Ausprobieren unrentabel?

II.   Problematik der Berechnungsdauer

Um eine Antwort auf diese Frage zu geben, ist zuerst die Geschwindigkeit eines Brute-Force-Angriffs einzuschätzen. Diese ergibt sich in erster Linie aus der Zeit, die benötigt wird, um einen einzelnen Schlüssel zu überprüfen.[15] Und diese Zeit ergibt sich wiederum aus der zur Verfügung stehenden Hardware, also z.B. Prozessor und Anzahl der Kerne. Da sich Brute-Force-Angriffe sehr gut parallelisieren lassen, sind Rechnerverbände meist die beste Wahl, um einen solchen Angriff kostengünstig durchzuführen. In diesen Verbänden testet dann jeder Rechner eine eigene Menge an Schlüsseln, bis der richtige gefunden wird.[16]

RC5-72 ist ein solches Netzwerk. 1.785 aktive Teilnehmer, die derzeit ihr System für das Netzwerk arbeiten lassen, kommen im Schnitt auf ganze $390 \cdot 10^9$ getestete Schlüssel pro Sekunde.[17] Das ist nicht wenig. Aber: Der zu findende Schlüssel ist 72 Bit lang. 72 Bit ergeben 2^{72} also ca. $4,7 \cdot 10^{21}$ Möglichkeiten für den Schlüssel, 4,7 Trilliarden (!). Die Zeit, die benötigt wird, um mit einer konstanten Rechenleistung von $390 \cdot 10^9 \, \frac{k}{sek}$ alle Möglichkeiten des Schlüssels zu testen, ergibt sich also aus dem Quotient $\frac{\text{Anzahl der Möglichkeiten}}{\text{Geschwindigkeit}}$; das RC5-72 Netzwerk braucht dafür voraussichtlich $\frac{4,7*10^{21}}{390*10^9} \approx 12,1 \cdot 10^9$ [Sekunden], das sind ungefähr 380 Jahre. Im Schnitt wird der Schlüssel jedoch schon nach 190 Jahren gefunden.

190 Jahre scheint eine Dauer zu sein, die zumindest für persönliche Informationen völlig ausreichend ist, immerhin mehr als die doppelte durchschnittliche Lebenserwartung eines Menschen in Deutschland. Doch diese Rechnung ist nicht korrekt, da sich die Leistung von Computerhardware ungefähr alle zwölf bis 24 Monate verdoppelt.[18] In unserem Beispiel gehen wir von durchschnittlich 190 Jahren aus, die nötig sind, um den 72-Bit-Schlüssel des RC5-72 Projekts zu „knacken". Berücksichtigt man jedoch die Leistungssteigerung der Hardware (hier Verdoppelung alle 24 Monate), dann kann das Netzwerk in zehn Jahren

---

[15] vgl. (Schneier, 2006), S.178, 5.Abs.
[16] vgl. (Schneier, 2006), S.179, 2.Abs.
[17] vgl. (RC5-72, 2012)
[18] Mooresches Gesetz

32mal so schnell rechnen. Ein 72-Bit-Schlüssel ließe sich demnach 2022 im Mittel schon nach sechs Jahren finden.

Kennen wir die Geschwindigkeit des Brute-Force-Angriffs, so müssen wir noch abschätzen, wie lange die Informationen für den Angreifer von Nutzen sind; also die Lebensdauer dieser Informationen. Erst dann ist es möglich, eine sichere Schlüssellänge zu wählen. Dabei muss man das exponentielle Anwachsen der Rechenleistung immer mit einbeziehen und entsprechend längere Schlüssel wählen. Tabelle 1 zeigt typische Schlüssellängen für Informationen unterschiedlicher Lebensdauer um 1992. An diesem Beispiel ist deutlich zu erkennen, wie innerhalb von 20 Jahren des technologischen Fortschritts auch die Schlüssel immer länger werden. Ein 64-Bit-Schlüssel war vielleicht bei der Entstehung der Tabelle 1992 noch zeitgemäß, ist es jedoch heute nicht mehr. Heutzutage wenden fast alle Kryptosysteme wie AES einen 128- oder 256-Bit-Schlüssel an. Mit 64 Bit verschlüsselte Daten sind nicht mehr sicher. In diesem Zusammenhang sei jedem, der nicht weiß, mit welcher Schlüssellänge er seine Daten verschlüsseln soll, ein 256-Bit-Schlüssel empfohlen. Dieser wird sogar in 150 Jahren und bei einer Verdoppelung der Rechenleistung alle zwölf (!) Monate von oben genanntem Rechnerverband im Mittel erst nach 6,6 Billionen Jahren gefunden. Also stellt auch der Schlüssel kein wirkliches Sicherheitsrisiko dar; von Schlüssellängen unterhalb 128 Bit abgesehen.

Informationsart	Lebensdauer	Minimale
Militärische Informationen	Minuten/Stunden	56-64 Bit
Produktankündigungen, Firmenzusammenschlüsse, Zinssätze	Tage/Wochen	64 Bit
langfristige Geschäftsplanungen	Jahre	64 Bit
Wirtschaftsgeheimnisse (z.B. Coca-Cola-Rezept)	Jahrzehnte	112 Bit
geheime Daten zur Wasserstoffbombe	Über 40 Jahre	128 Bit
Identität von Spionen	Über 50 Jahre	128 Bit
personenbezogene Daten	Über 50 Jahre	128 Bit
Geheimdiplomatie	Über 65 Jahre	128 Bit +
Daten der US-Volkszählung	100 Jahre	128 Bit +

Tabelle 1: Sicherheitsanforderungen für verschiedenartige Informationen [um 1992][19]

---

[19] vgl. (Beth, Frisch, Simmons, & Security, 1992) nach (Schneier, 2006), S. 196, „Tabelle 7.10"

c) Beziehung: Sicherheit – Passwort

Angenommen, der im Kryptosystem verwendete Algorithmus ist ein auch nach Jahren ungebrochener „Open-Source"-Algorithmus und auch die Schlüssellänge lässt keine Brute-Force-Angriffe in vertretbarer Zeit zu; welcher Risikofaktor bleibt dann übrig?

Die menschliche Komponente, das Passwort, bleibt als Schwachstelle übrig. Denn dieses wird vom User des Kryptosystems gewählt und unterliegt folgerichtig einer gewissen Struktur. So ergeben sich Passwörter aus zusammengesetzten Wörtern oder Sätzen mit wenigen Zeichen oder Zahlen. Als Beispiel sei das Passwort aus Abbildung 2 genannt: „1NichtSicheresPasswort". Doch wie macht sich ein Passwort über seine Struktur angreifbar?

I. Angreifbarkeit von Passwörtern

Auf den ersten Blick scheint das Passwort einigermaßen sicher: Es enthält eine Zahl, Groß- sowie Kleinschreibung und ist 22 Zeichen lang. Der Schlüsselraum, also die Menge aller möglichen im Passwort enthaltenen Zeichen, umfasst zehn Zahlen (alle von 0-9) und 52 Zeichen (Groß-, und Kleinschreibung). Das ergibt zusammen 62 Möglichkeiten pro Zeichenstelle. Analog zu den Berechnungen in Kapitel 2b) ergeben sich für das 22 Zeichen lange Beispielspasswort $62^{22} \approx 2,7 \cdot 10^{39}$ mögliche Kombinationen, die ein Angreifer testen muss, wenn er nur den verwendeten Schlüsselraum kennt. Das sind mehr Möglichkeiten, als ein 128-Bit-Schlüssel bietet und das, obwohl der Schlüsselraum nur Zahlen und Zeichen, aber keine Satz- und Sonderzeichen enthält. Werden diese Zeichen noch zusätzlich im Passwort verwendet, so ergeben sich noch mehr Möglichkeiten. Das Passwort ist folglich nicht wegen mangelnder kombinatorischer Möglichkeiten angreifbar.

Dahingegen bietet die logische Grundstruktur des Passworts einer abgewandelten Form des Brute-Force-Angriffs eine Schwachstelle. Gemeint ist ein so genannter *dictionary attack* (engl. Wörterbuchangriff). Der Name ist bezeichnend für die Funktion eines solchen Brute-Force-Angriffs: Anstatt alle einzelnen Zeichenkombinationen nacheinander zu testen, werden übliche Wörter oder Wortteile und häufig verwendete Zahlen- und

Zeichenkombinationen für den Angriff eingesetzt und kombiniert. Das beschleunigt einen Angriff auf Passwörter unter Umständen enorm.[20]

So könnte ein Brute-Force-*dictionary-attack* zuerst die Kombinationen aus einer Zahl und einem Wort („5Haus", „Maus9",...), aus zwei Worten („HausSicherheit", „RömerDach",...) und, nach weiteren Kombinationen, schließlich aus einer Zahl und drei Worten testen. Bei letzterer Kombination wird das Passwort („1NichtSicheresPasswort") schnell gefunden sein. Jedoch gibt es auch hier etliche Möglichkeiten, ein Passwort zu generieren, sodass auch ein Angriff mittels Wörterbuch an seine zeitlichen Grenzen stoßen kann.

Die Lösung dieses Problems liegt in der geschickten Auswahl einiger weniger Passwortkriterien für einen Angriff. Ist z.B. bekannt, dass der Passwort-Urheber im Jahre 1974 die Angler-Weltmeisterschaft gewonnen hat, so liegt es nahe, Passwörter aus Begriffen und Daten des Anglerberufs zu testen. Genau solche persönliche Daten, aus Leben und Beruf, sind die größten Schwachstellen eines Passworts. Auch Userkennungen, Ortsnamen, Kult-Wörter, Telefonnummern und sogar bekannte Eselsbrücken sind manchmal Teil eines Passworts.[21] Wie ist ein Passwort also auszuwählen, um diesen menschlichen Risikofaktor möglichst unbedeutend zu halten?

II.   Optimieren der Passwortsicherheit

Grundsätzlich sollte für ein sicheres Passwort auf eine Wortfolge, wie in Abbildung 2, komplett verzichtet werden. Solche Wortfolgen bieten nur sehr eingeschränkt Schutz vor gezielten Wörterbuch-Angriffen. Ein gutes Passwort sollte außerdem keine (!) der oben genannten Merkhilfen wie Telefonnummern oder Ortsnamen enthalten, denn auch diese lassen sich leicht sammeln und automatisiert für einen Angriff nutzen. Wenn ein Mensch ein Passwort wählt, so unterliegt es dennoch immer einer gewissen Struktur. Eine offensichtliche Struktur zu hinterlassen, ist in der Kryptographie aber immer ein Nachteil. Solche Muster lassen sich mit der richtigen Methode leicht verhindern. Das Passwort könnte z.B. auf die zwei Anfangsbuchstaben der verwendeten Wörter reduziert werden. Aus „1NichtSicheresPasswort" wird dann folgerichtig „1NiSiPa". Um die verminderte

---

[20] vgl. (Schneier, 2006), S. 201, 3.Abs.
[21] vgl. (Peter, 2008)

Passwortlänge zu kompensieren, könnten dann z.B. noch Sonderzeichen jeweils zwischen die Anfangsbuchstaben eines jeden Worts gesetzt werden: „1N*iS*iP*a". Dieses Passwort wird durch einen Wörterbuchangriff nur sehr unwahrscheinlich „geknackt" werden können. Ist jedoch nach der optimalen Sicherheit gefragt, so kommen Passwortgeneratoren in Frage, die das Passwort dann nach Zufall (z.B. Mauszeigerbewegungen) aus allen Zeichen, Zahlen und Buchstaben generieren. Ein Passwort wie „2v$g/d*m+34" ist somit der beste Kompromiss aus Sicherheit und Praktikabilität.

d) Sichere Kryptosysteme

Dieses Kapitel hat gezeigt, dass es nicht eines One-Time-Pads bedarf, um seine Daten geheim zu halten. Ein moderner Algorithmus wie der „Advanced Encryption Standard", kurz AES, bedient sich einiger Methoden, die akzeptable Sicherheit bei gleichzeitig gestiegener Praktikabilität bieten: Blockchiffrierungen ermöglichen die Verwendung eines relativ kurzen Schlüssels, der aber mit 128 bis 256 Bit für Brute-Force-Angriffe trotzdem kein rentables Ziel darstellt, und Hashalgorithmen ermöglichen die Verwendung von Passwörtern aus gewöhnlichen Zeichen und Zahlen. Diese Passwörter stellen dann durch Verwendete Merkhilfen das eigentliche Sicherheitsrisiko eines jeden Kryptosystems dar, denn sie können in vielen Fällen durch eine Spezialisierung des Brute-Force-Angriffs schnell gefunden werden: der *dictionary attack*. Wird hingegen ein „starkes" Passwort ohne offensichtliche Muster gewählt, so kann die Erfolgsaussicht eines solchen Angriffs deutlich geschmälert bis vermieden werden; die Sicherheit des gesamten Kryptosystems hängt folglich in erster Linie von dem vom Nutzer selbst betriebenen Aufwand ab.

3) Ungeahnte Möglichkeiten der Kryptoanalyse

Alle in dieser Seminararbeit behandelten Aspekte zur Sicherheit eines Kryptosystems basieren auf der Vorstellung einer konstanten Entwicklung in der Technik; der Verdoppelung der Rechenleistung alle zwölf bis 24 Monate.[22] Da die Sicherheit eines Kryptosystems größtenteils von der Länge des Schlüssels und der Sicherheit des Passworts abhängt, die nur mittels eines Brute-Force-Angriffs effektiv „geknackt" werden können, benötigt man solche Prognosen über zukünftige Hardwareleistung. Erst dann lässt sich mithilfe der Axiome eine Aussage über die Sicherheit treffen. Ungeahnte technische Revolutionen könnten diese Annahmen schnell fehlerhaft werden lassen. In diesem letzten Kapitel soll auf eine solche technische Revolution kurz eingegangen und ein Ausblick auf zukünftige Anforderungen der Kryptographie gegeben werden.

Es wirkt wie ein Mythos, doch Quantencomputer sind schon längst mehr als nur Teil von Science-Fiction-Romanen und -Kinofilmen; Forscher weltweit versuchen sich an ihrer praktischen Umsetzung. Würde ein solcher Rechner gebaut werden, so wäre die Sicherheit eines Kryptosystems in keinem der Punkte Algorithmus, Schlüssellänge und Passwort mehr gegeben. Woran liegt das? Dazu sei die Grundlage seiner Funktion genannt:

> „[D]ie Rede ist vom Quantenparallelismus. Während in einem klassischen Computer ein Bit entweder auf 0 oder auf 1 gesetzt ist, kann ein Quantenbit beide Werte gleichzeitig annehmen, anders ausgedrückt, sich in zwei Zuständen gleichzeitig befinden. Man spricht von Superposition. Noch deutlicher wird der Unterschied bei mehreren Bits: ein [sic!] klassischer Rechner kann mit n Bits 2^n verschiedene Zahlen darstellen, zu jedem Zeitpunkt aber nur eine davon speichern. Ein Quantenrechner kann mit ebenso vielen Quantenbits 2^n Zahlen gleichzeitig darstellen. Und mehr noch, ein Quantenalgorithmus kann in einem einzelnen Rechengang auf allen möglichen Eingaben gleichzeitig rechnen, und wir erhalten eine Superposition aller Ergebnisse."[23]

Kurzum: Ein Quantencomputer braucht für eine steigende Anzahl an Rechenaufgaben nicht automatisch mehr Zeit; er kann theoretisch alle Berechnungen gleichzeitig ausführen. Das ist ein Sicherheitsproblem, denn nach dem zweiten Axiom kann ein Kryptosystem nur dann als sicher bezeichnet werden, wenn das „Brechen" länger dauert, als die Daten geheim

---

[22] Mooresches Gesetz
[23] (Homeister, 2005), S. 2

bleiben müssen. Um das zu garantieren, werden, wie in Unterkapitel 2b) erläutert, die Schlüssel immer länger, damit das angreifende System mit weiteren Berechnungen aufgehalten wird. Mit einem funktionierenden Quantencomputer hat die Anzahl der Berechnungen jedoch keinen entscheidenden Einfluss mehr auf die Rechenzeit, was dazu führt, dass ein Kryptosystem auch mit einer Schlüssellänge im Kbit- (1000 Bit) oder sogar Mbit-Bereich (1.000.000 Bit) keine ausreichende Rechenzeit „erzwingen" würde.

Für den einzelnen Anwender bedeutet die mögliche Existenz eines Quantencomputers, dass alle Daten, die er für sicher hält, prinzipiell innerhalb weniger Minuten ausgelesen werden können, wenn das der Besitzer eines solchen „Supercomputers" nur will. Solange es also keine angepassten Kryptosysteme gibt, die selbst auch einem Angriff durch einen Quantencomputer standhalten, wird die Steganographie[24] wieder an Bedeutung erlangen.

Das ist eine Was-Wäre-Wenn Frage, da gibt es keinen Zweifel, doch verdeutlicht sie einen Umstand: Man kann sich nie sicher sein, welche Rechenleistung den Personen oder Institutionen zur Verfügung steht, vor denen die verschlüsselten Informationen geheim bleiben sollen. Es mag sich um eine relativ sichere Schätzung handeln, wenn man wenigen Privatpersonen eine Rechenleistung von maximal $5 \cdot 10^9 \frac{k}{sek}$ zubilligt, doch wäre es naiv, zu glauben, die Rechenleistung einer ganzen Nation einschätzen zu können. Wenn ein Quantencomputer gebaut werden würde, dann läge allen Regierungen höchstwahrscheinlich viel daran, seine Existenz zu verheimlichen. So könnte man alle sicher geglaubten Informationen binnen Sekunden entschlüsseln.

---

[24] diese Disziplin schafft Sicherheit, indem geheime Informationen z.B. nicht als solche zu erkennen sind

4) Kritische Auseinandersetzung als Grundregel

Man kann ein Kryptosystem nie gegen alle Eventualitäten absichern. Das zeigt das letzte Kapitel mit der Beschreibung der Möglichkeiten eines Quantencomputers am besten. Aber man kann sich durch die richtigen Methoden einen deutlichen Sicherheitsvorteil verschaffen.

Es bleibt folglich das gleiche Rennen zwischen „Entschlüssler" und „Verschlüssler", doch die Umstände haben sich geändert; heutzutage gibt es viele Variablen, z.B. die Schlüssellänge oder das selbst gewählte Passwort, die uns selbst bestimmen lassen, wie sicher das verwendete Kryptosystem ausfällt. Wir bestimmen also selbst über den Abstand, den wir durch das Verschlüsseln von unserem Angreifer einnehmen.

Momentan sind die bekannten Kryptosysteme den Entschlüsselungsverfahren überlegen (von möglichen Quantencomputern abgesehen). Das eröffnet uns die Chance, Daten auf lange Zeit sehr sicher zu verwahren, doch auch nur, wenn wir die mögliche Sicherheit auch voll ausschöpfen. Tun wir dies nicht, machen wir uns verwundbar. Deshalb sei jedem angeraten, sich auch weiterhin mit den neuesten Kryptosystemen kritisch auseinanderzusetzen. Denn das lässt sich mit Bestimmtheit sagen: Wer sich nicht mit den Systemen vertraut macht, denen er im Zeitalter der umfassenden Vernetzung alle seine sensibelsten und intimsten Daten und Geheimnisse anvertraut, der öffnet allen Tür und Tor, sie zu erfahren.

i. Literaturverzeichnis

Beth, T., Frisch, M., Simmons, G. J., & Security, E. I. (1992). *Public-key cryptography: state of the art and future directions.* N.A.: Springer-Verlag.

Beutelspacher, A. (2002). *Kryptologie.* Wiesbaden: Friedr. Vieweg & Sohn Verlag GWV Fachverlage GmbH.

Hellman, M. E. (April 2001). Die Mathematik von Public-Key-Verfahren. *Spektrum der Wissenschaft - Dossier: Kryptographie*, S. 32-41.

Homeister, M. (2005). *Quantum Computing verstehen.* Wiesbaden: Friedr. Vieweg & Sohn Verlag / GWV Fachverlage GmbH.

Peter, C. (18. September 2008). *Wie sehen schlechte Passwörter aus?* Abgerufen am 25. Oktober 2012 von Leibniz Universität Hannover-Website: http://www.rrzn.uni-hannover.de/pw_schlechte.html

RC5-72. (20. Oktober 2012). *Aggregate Statistics.* Abgerufen am 21. Oktober 2012 von RC5-72-Website: http://stats.distributed.net/projects.php?project_id=8

Schneier, B. (2006). *Angewandte Kryptographie: Protokolle, Algorithmen und Sourcecode in C.* München: Pearson Studium.

ii. Abbildungs- und Tabellenverzeichnis